Vorwort

Die Projektsteuerung auch als Projekt Controlling bezeichnet, ist eine der Hauptaufgaben der Projektleitung. Letztlich bedeutet das Wort managen: hinbekommen, bewältigen, führen, leiten, lenken, steuern.

Das bedeutet, der Projektleiter managt ein Projekt, indem er steuert, leitet und führt.

Je länger die Laufzeit, je größer der Umfang und die Komplexität eines Projektes ist, desto aufwändiger und notwendiger wird diese Managementaufgabe sein.

Wie beim Autofahren, benötigt man zum Steuern eines Projektes einen Startpunkt, ein Ziel und eine aktuelle Positionsbestimmung.

Aufgrund dieser Daten kann der Projektleiter den Fortgang überwachen, Abweichungen und Trends erkennen und die notwendigen Korrekturmaßnahmen einleiten.

Um dem Projekt Manager die Aufgabe zu erleichtern, stehen einige Hilfsmittel, die sich über Jahre bewährt haben, zur Verfügung.
Diese werden nachstehend beschrieben und anhand von Beispielen wird deutlich gemacht, wie die Methoden in der Praxis eingesetzt werden.

Es geht hierbei um:
- eine möglichst objektive Beurteilung des aktuellen Projektfortschritts beziehungsweise Fertigstellungsgrades.
- das sichtbar machen von Abweichungen und Trends.

- verlässliche Prognosen bezüglich der Kosten- und Terminsituation zum Projektende.

Hierfür wird keine spezielle Software benötigt. Die nachstehend beschriebenen Methoden und Vorgehensweisen lassen sich mit einfachen Mitteln per Hand bzw. mit Standardsoftware Programmen, wie Tabellenkalkulationen (z.B. Excel, Numbers, etc.), umsetzen.

Der Einsatz dieser Methoden eignet sich sehr gut zu Präsentations- und Berichtszwecken und damit auch zur Verbesserung der Kommunikation zwischen den Beteiligten.

Besonders einfach können diese Methoden verwendet werden, wenn das betreffende Projekt -wie in meinem Buch "Was will ich und wie viel?" beschrieben- vorbereitet und strukturiert wurde. Aber auch bei einer weniger gut strukturierten Ausgangssituation, lassen sich die beschriebenen Methoden noch nachträglich anwenden.

Ziel des Ganzen ist es: den Status Quo und die vorhandenen Trends sichtbar zu machen und frühzeitig evtl. nötige steuernde Maßnahmen ergreifen zu können.

Viel Freude beim Lesen und ausprobieren.

Andreas Ketter

Projektsteuerung

Das Managen=Steuern eines Projektes ist die Hauptaufgabe des Projektmanagementes während der Ausführungsphase.

In meinem Buch "Was will ich und wie viel?" wurde u.a. beschrieben, wie die Projektziele in einem Projektplan erfasst werden und wie eine Projektmanager-Zielvereinbarung aufgebaut werden kann.

Die hieraus resultierenden Ziele gilt es nun zu erreichen, d.h. die Aktivitäten sind so zu steuern, dass die gewünschten Resultate/Ziele erreicht werden.

Die Projektsteuerung umfasst alle Maßnahmen, deren Ziel es ist, den Projektverlauf mit der aktuellen Planung in Übereinstimmung zu bringen.

Das Controlling überwacht kontinuierlich zuvor festgelegte Indikatoren (Messwerte), mit dem Ziel, frühzeitig Abweichungen zu signalisieren, sodass steuernd eingegriffen werden kann.

Dementsprechend beinhaltet eine effektive Projektsteuerung die in der nachstehenden Graphik gezeigten Aktivitätenblöcke zur Erledigung dieser Aufgabenstellung.

4

Projektsteuerung

P_M
PROFI

Projekt Fortschritts-überwachung	Festlegung von Steuerungs-maßnahmen	Steuerung & Überwachung der Maßnahmen	Berichtswesen
•Vergleich und Analyse des Soll / Ist - Status der Arbeitspakete •Bewertung der Auswirkungen von Abweichungen auf den weiteren Fortschritt	•Projekt auf Planverlauf zurückführen •Anpassung des Planverlaufes	•Überwachung der Maßnahmen •Überprüfung der erreichten Effekte	•Statusberichte •Information der Betroffenen •Koordination der Beteiligten

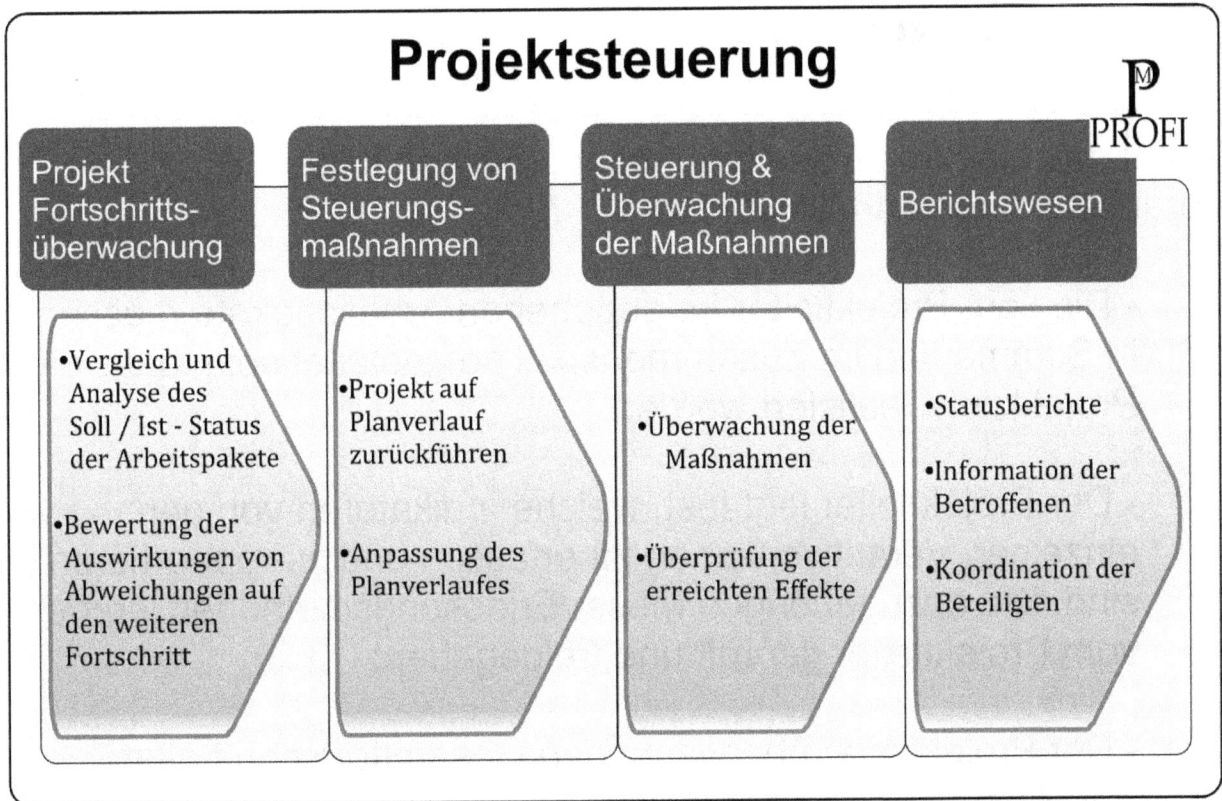

Da sich hierbei auch Überlappungen zum Qualitäts- und/oder Risikomanagement ergeben, ist die Gesamtkoordination -auch der nicht direkt Betroffenen und Beteiligten- eine wesentliche Aufgabenstellung für die Projektleitung.

Voraussetzungen

Damit das Ganze funktionieren kann, müssen folgende Voraussetzungen erfüllt werden:

- Die vom Projektleiter freigegebenen Arbeitspakete müssen in Summe und im Zusammenspiel so gestaltet sein, dass die Projektziele realisiert werden.

- Der Projektleiter legt fest, welche Indikatoren von den einzelnen Verantwortlichen zu erfassen und zu rapportieren sind. Die dazugehörigen Mess-/Erfassungsmethoden werden vom Projektleiter geprüft und freigegeben.

- Der Projektleiter überwacht den Gesamtfortschritt aller Beteiligten.

- Der Projektleiter dokumentiert alle Aktionspunkte, überwacht und steuert die Abarbeitung und vergewissert sich, dass die gewünschten Resultate erreicht wurden.

- Der Projektleiter erstellt regelmäßig eine Zusammenfassung aller erreichten Projektresultate (mindestens monatlich), stellt Abweichungen fest, bewertet deren Effekt / Trend, entscheidet ob Korrekturmaßnahmen durchzuführen sind, initiiert diese und überwacht deren Realisierung und Effektivität.

- Der Projektleiter berichtet regelmäßig an den Lenkungsausschuss (und/oder den internen Auftraggeber), lässt sich dort die jeweils erreichten Zwischenresultate im Projektfortschritt freigeben und führt notwendige Entscheidungen, z.B. auch für vorliegende Änderungs- und Ergänzungswünsche, herbei.

Der Projektstatusbericht

Projekt Status Bericht

Berichts-Periode von: yy.yy.yyyy **bis:** xx.xx.xxxx

Aktueller Status

Resultate:

Situation: Soll / Ist	Abweichungen: absolut/relativ und kumulativ	Ursachen für Abweichungen	Konsequenzen / Maßnahmen / Effekt der Maßnahmen	Trend / Prognose
1. Termine				
2. Kosten				
3. Risiken				
4. Kunden zufriendheit				

Besondere Probleme/Situationen, Folgen/Wirkung, Maßnahmen und Effekt der Maßnahmen:

Problem	Wirkung	Maßnahme	Resultat der Maßnahme
1			
2			
3			

Wichtige Entscheidungen:

Bereits genommen	Noch zu nehmen	Von wem	Bis wann

Änderungen (zum Hauptauftrag, Terminplan, etc.):

Nächste Schritte

Einzuleitende Verbesserungsmaßnahmen	Von wem	Datum
1		
2		

Bemerkungen:

Dieses Beispiel für einen Projektstatusbericht zeigt, wie die Elemente der Projektsteuerung erfasst werden können.

Hier werden für die überwachten Indikatoren (Termine, Kosten, etc.) nachstehende Punkte erfasst:

- die Abweichungen, deren Ursachen und Konsequenzen.

- ob und welche Maßnahmen genommen bzw. noch zu nehmen sind.

- welchen Aufwand die Maßnahmen verursachen und welche Resultate hiervon erwartet werden.

- eine Aussage zum Trend bzw. eine Prognose für die weitere Entwicklung der betreffenden Indikatoren.

- wer welche Maßnahmen getroffen hat und wer bis wann noch welche Entscheidungen treffen muss.

Die Projektüberwachung

Kernelement für eine funktionierende Projektsteuerung ist die Überwachung der aktuell erreichten Resultate.

Deshalb ist sicher zu stellen:

- dass die richtigen Indikatoren festgelegt werden,

- dass die Messungen/Erfassungen auch wirklich den Staus der festgelegten Indikatoren wiederspiegeln (d.h. die richtigen Messgrößen an der richtigen Stelle gemessen werden).

- dass die berichteten Projektresultate auch wirklich und nachweislich erreicht sind.

- dass die berichteten Einschätzungen bzgl. der noch zu erwartenden Kosten, benötigten Ressourcen und benötigten Zeiten auch plausibel und nachvollziehbar sind.

Um den Projektstatus und den aktuellen Trend beurteilen zu können, stehen dem Projektleiter harte Fakten zur Verfügung, wie:

- bisher aufgelaufene Kosten

- geleisteter Aufwand und

- verstrichene Zeit

Darüber hinaus benötigt er Schätzungen zu den noch zu erwartenden Kosten, zum verbleibenden Aufwand und den noch benötigten Zeiten, um eine Prognose bzgl. des Endtermins bzw. der Endresultate machen zu können.

Nur falls ihm beide Teile zur Verfügung stehen und diese verlässlich sind, kann er korrekte Aussagen zum wirklichen Status und zur eventuellen Notwendigkeit von steuernden Maßnahmen machen.

Aber selbst wenn die bisher verstrichene Zeit pro Arbeitspaket, die aufgelaufenen Kosten und erbrachten Aufwendungen im Plan liegen, bedeutet dies noch lange nicht, dass es sich um einen planmäßigen Projektverlauf handelt.

Hier kommt nun die Effektivität ins Spiel.

Falls z.B. schon 80% der Zeit, 80 % Prozent der Kosten und 80% des geplanten Aufwandes verbraucht wurden, jedoch in der Praxis erst 10% Prozent der geplanten Leistungen erbracht sind, dann ist dies keineswegs ein planmäßiger oder gewünschter Status.

Um nicht in diese Falle zu laufen, sind Plausibilitätsprüfungen durch den Projektleiter notwendig.

Auch sollte der Projektleiter die Vorlage von handfesten Belegen verlangen, um zu einer möglichst objektiven Beurteilung des aktuellen Leistungsstandes zu gelangen.

Die regelmäßige Abfrage an die Arbeitspaketverantwortlichen ihren Leistungsstand/Fertigstellungsgrad (in % fertig) zu rapportieren, führt regelmäßig in die Falle des sogenannten 90% -Syndroms.

D.h. die Erfahrung lehrt, dass sich ohne weitere Überprüfung nach einer gewissen Zeit häufig der Zustand einstellt, dass Woche für Woche bzw. Monat für Monat der Leistungsstand bei 90% oder 95% verharrt, obwohl die Aufwendungen und Kosten kräftig weiterlaufen.

Dann neigen die Arbeitspaketverantwortlichen zu politischen Angaben bzgl. des Leistungsfortschritts und falls dies nicht rechtzeitig erkannt oder vermieden wird, gerät sehr schnell das ganze Projekt ins Wanken.

Der Projektsteuerungs Prozess

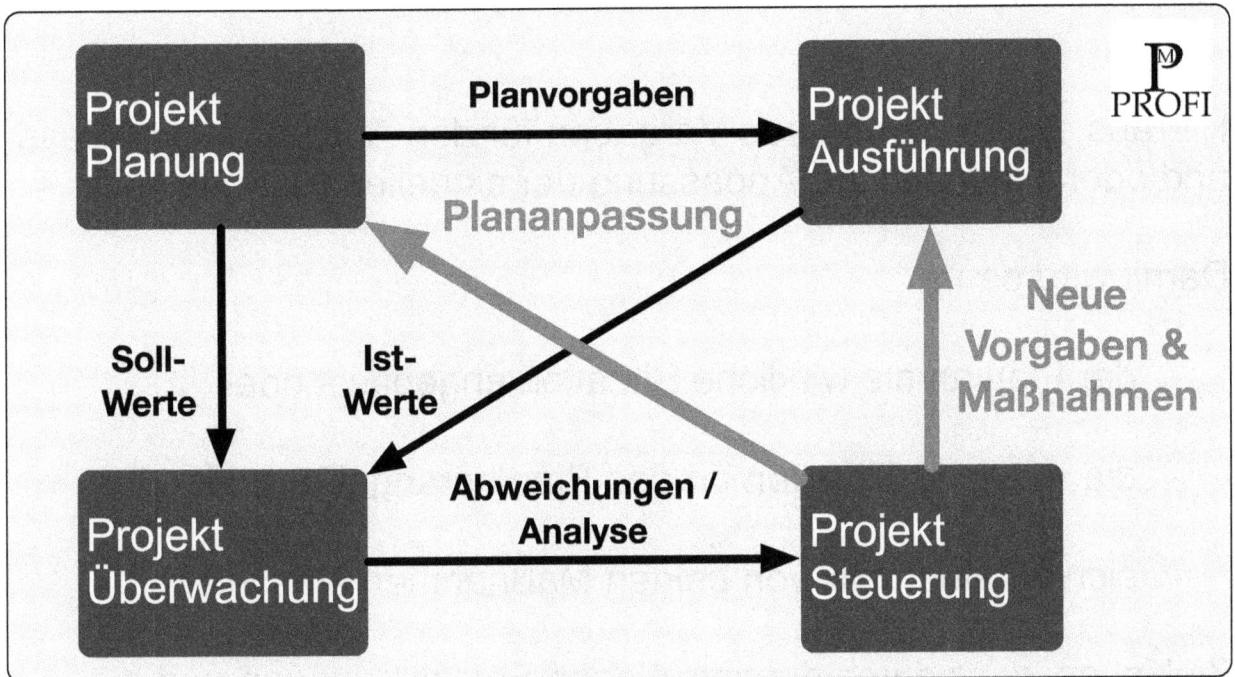

Es ergibt sich damit ein Wechselspiel aus den 4 Prozessen: Planung, Ausführung, Überwachung und Steuerung.

Die Planung liefert die Vorgaben für die Ausführung und die hierbei festgelegten Ziele ergeben die Soll-Werte für die Basisindikatoren in der Projektüberwachung.

Regelmäßige Messungen/Schätzungen aus der Projektausführung gehen als Ist-Werte in die Projektüberwachung ein.

Die Projektüberwachung liefert im Idealfall schon eine Analyse der Abweichungen und Trends an die Projektsteuerung.

In der Projektsteuerung werden nun die Abweichungen und Trends bewertet und darüber entschieden, ob und welche korrektiven Maßnahmen einzuleiten sind.

Hieraus ergeben sich neue Vorgaben für den Ausführungsprozess und/oder Vorgaben zur Anpassung der aktuellen Planung.

Damit wird dann:

- der Plan an die wirkliche Situation angepasst oder

- die wirkliche Situation an den Plan herangeführt oder

- sich für einen Mix von beiden Maßnahmen entschieden.

Ziel ist es, dass durch die getroffenen Entscheidungen und die eingeleiteten Maßnahmen die in der Projektüberwachung erfassten negativen Abweichungen zurückgeführt werden und mit Blick auf das Projektende keine negativen Abweichungen mehr bestehen.

Mit zunehmender Projektgröße, -komplexität und -dauer wird dieses Wechselspiel in Umfang und Häufigkeit zunehmen.

Um eine effektive Projektsteuerung durchführen zu können, ist es von entscheidender Bedeutung, dass die Projektüberwachung gut funktioniert.

Das bedeutet, dass die Projektüberwachung unbedingt Prüfmechanismen benutzen muss, um verlässliche Aussagen zum tatsächlichen Projektfortschritt treffen zu können.

Sie muss die Effektivität der Resultate prüfen und erkennen, wie effizient diese erreicht werden.

Und damit kommen wir wieder auf das sogenannte 90%-Syndrom zurück.

Mögliche Ursachen für die falsche Einschätzung durch die Arbeitspaketverantwortlichen:

- der einzelne Arbeitspaketverantwortliche überschlägt den Fertigstellungsgrad nur grob und bringt mit der 90 % - Angabe lediglich zum Ausdruck, dass das Meiste bereits erledigt ist, aber dass auch noch etwas zu tun ist.

- der Arbeitspaketverantwortliche überschätzt die bereits erbrachte Leistung.

- der Arbeitspaketverantwortliche unterschätzt den Aufwand für die noch zu erbringende Leistung.

- der Arbeitspaketverantwortliche unterschätzt beziehungsweise erkennt potentielle Probleme nicht, die sich negativ auf den Fortschritt auswirken.

- die Erwartungen & Forderungen des Managements verleiten die Arbeitspaketverantwortlichen zu Übereinschätzungen.

Aus oben genannten Gründen ist es sinnvoll, nach anderen Möglichkeiten und Methoden zu suchen, die eine objektive Bewertung des Fertigstellungsgrades ermöglichen.

Methoden zur Bewertung des Fertigstellungsgrades

In der Praxis haben sich folgende Methoden etabliert:

- 0/100 Methode

- 50/50 Methode

- 20/80 Methode

- Meilensteinmethode

- Einschätzung durch die Arbeitspaketverantwortlichen

Die 0/100 Methode

hat zwei Stufen: 0% und 100%
0%: noch nicht fertiggestelltes Arbeitspaket
100%: fertiggestelltes Arbeitspaket.

D.h. hier wird schwarz/weiß unterscheiden nach fertig und noch nicht fertig. Arbeitspakete die fertiggestellt sind, erhalten die Bewertung 100% und Arbeitspakete die noch nicht fertiggestellt sind, egal ob diese bereits begonnen wurden oder nicht, werden mit 0% bewertet.

Aus diesen Einzelbewertungen wird dann der Fertigstellungsgrad des gesamten Projektes berechnet.

Die 50/50 Methode

hat drei Stufen: 0%, 50%, 100% wobei alle bereits begonnenen Arbeitspakete, unabhängig vom tatsächlichen Fertigstellungsgrad, mit 50% bewertet werden.

Die 20/80 Methode

hat drei Stufen: 0%, 20%, 100% wobei alle bereits begonnenen Arbeitspakete, unabhängig vom tatsächlichen Fertigstellungsgrad, mit 20% bewertet werden.

Die 0/100 Methode führt in der Regel zu einer Unterbewertung des tatsächlichen Fertigstellungsgrades.

Das sogenannte 90%-Syndrom ist durch diese Methode vollständig ausgeschaltet.

Falls im Projekt eine große Anzahl parallellaufender Arbeitspakete vorhanden sind, können durch diese Methode jedoch unakzeptabel große Untereinschätzungen stattfinden. Hier sollte diese Methode nicht angewendet werden.

Werden jedoch viele Arbeitspakete vorwiegend seriell abgearbeitet, dann eignet sich diese Methode sehr wohl zur Berechnung des aktuellen Fertigstellungsgrades.

Die Frequenz der Abfragen ist dementsprechend so hoch wie möglich zu wählen. Die Methode ist sehr einfach und gewährleistet eine objektive Bewertung der einzelnen Arbeitspakete.

Die 50/50 Methode ist aufwendiger und da keine 100% - Objektivität bzgl. der Bewertung einzelner Arbeitspakete gewährleistet werden kann, ist bei dieser Methode auch eine Überschätzung des tatsächlichen Gesamtfertigstellungsgrades möglich.

Bei vielen parallellaufenden Arbeitspaketen und niedriger Frequenz der Abfrage liefert diese Methode in der Regel Ergebnisse, die näher am wirklichen Fertigstellungsgrad liegen.

Die 20/80 Methode arbeitet genauso wie die **50/50 Methode,** wobei zu Beginn eines Arbeitspaketes ein Fertigstellungsgrad von 20% und nicht von 50% berücksichtigt wird.

Dieser erhöht sich nicht während der Ausführung. Erst bei Abschluss des Arbeitspaketes wird dann der Fertigstellungsgrad auf 100% gesetzt.

Falls die 0/100 Methode als zu konservativ und die 50/50 Methode als zu optimistisch für die Bewertung des Projekt-Fertigstellungsgrades angesehen wird, dann stellt die 20/80 Methode einen guten Kompromiss dar.

Die Meilenstein Methode

Für das gesamte Projekt werden Meilensteine definiert und die zu den jeweiligen Meilensteinen erwarteten Resultate werden detailliert festgelegt.

Die einzelnen Meilensteine werden mit dem dazugehörigen Aufwand gewichtet.

Die Summe des durch die einzelnen fertiggestellten Meilensteine geleisteten Aufwandes geteilt durch den Gesamtaufwand für alle Meilensteine ergibt den Fertigstellungsgrad.

Damit erhält man jeweils zum Abschluss der einzelnen Meilensteine den genauen Fertigstellungsgrad.

Je mehr Meilensteine definiert werden, desto geringer sind die einzelnen Sprünge in einem graphisch über die Zeit aufgetragenen Verlauf des Fertigstellungsgrades.

Die Methode bietet Vorteile in komplexen Projekten, da hier eine Anzahl von Arbeitspaketen zu Meilensteinen zusammengefasst werden.

In Verbindung mit einer Meilenstein-Trend-Analyse zur Terminüberwachung (bei welcher die Hauptmeilensteine [max. 10] schon regelmäßig bewertet werden), kann diese Methode durch einen geringen Zusatzaufwand parallel zu den zuvor genannten Methoden sinnvoll eingesetzt werden.

Die Einschätzung durch die Arbeitspaketverantwortlichen

Die einzelnen Arbeitspaketverantwortlichen sollten regelmäßig (z.B. wöchentlich) zu dem geleisteten und noch zu erwartenden Aufwand abgefragt werden.

In einer gemeinsamen Diskussion mit allen Teilverantwortlichen lassen sich in der Regel genauere/realistischere Einschätzungen bzgl. des geleisteten und noch zu leistenden Aufwandes erreichen, als bei einer Abfrage per Mail oder im Einzelgespräch.

Hierbei lassen sich auch evtl. auftretende Abweichungen zum ursprünglich geplanten Aufwand erkennen und ggf. Maßnahmen einleiten.

Diese Methode ist allen anderen überlegen, falls die Einschätzungen der einzelnen Verantwortlichen genau den jeweiligen Status wiedergeben.

Aus diesem Grund ist es sinnvoll, dass die Verantwortlichen für eine gute Qualität ihrer Einschätzungen entsprechende Schätz-Methoden verwenden.

Kostenüberwachung & Steuerung

Die für eine Kostenüberwachung und -steuerung erforderlichen Prozesse ergeben sich entsprechend dem Vorgehen bei der Terminüberwachung & Terminsteuerung:

-   es ist ein Soll-Ist-Vergleich durchzuführen

-   die Ursachen der Abweichungen sind zu analysieren und

-   es ist zu entscheiden ob und falls ja, welche Maßnahmen einzuleiten sind.

Auch hier können prinzipiell zwei Vorgehensweisen gewählt werden. Zum einen die Anpassung der Planung, d.h. Veränderung der Plankosten und zum anderen die Einleitung von Maßnahmen, um den gewünschten Kostenverlauf zu erreichen.

Auch hier empfiehlt es sich eine Trendanalyse zu verwenden, da hierdurch nicht nur die bereits aufgelaufenen Kosten, sondern auch die zukünftig zu erwartenden Kosten, in der Gesamt-betrachtung berücksichtigt werden.

Durch eine grafische Darstellung lässt sich der Verlauf der Kosten sehr gut veranschaulichen. Hierzu wird auf der X-Achse das jeweilige Berichtsdatum eingetragen und auf der Y-Achse die zugehörige Kostenprognose. Je nach Projektanforderung verwendet man die Kosten-Trend-Analyse für einzelne Arbeitspakete, Meilensteine oder das Gesamtprojekt.

Kostentrend Analyse

P M
PROFI

Kosten

Kosten-
prognose

Plankosten

Zeit

Berichtsdatum 1   Berichtsdatum 2   Berichtsdatum 3   Berichtsdatum 4

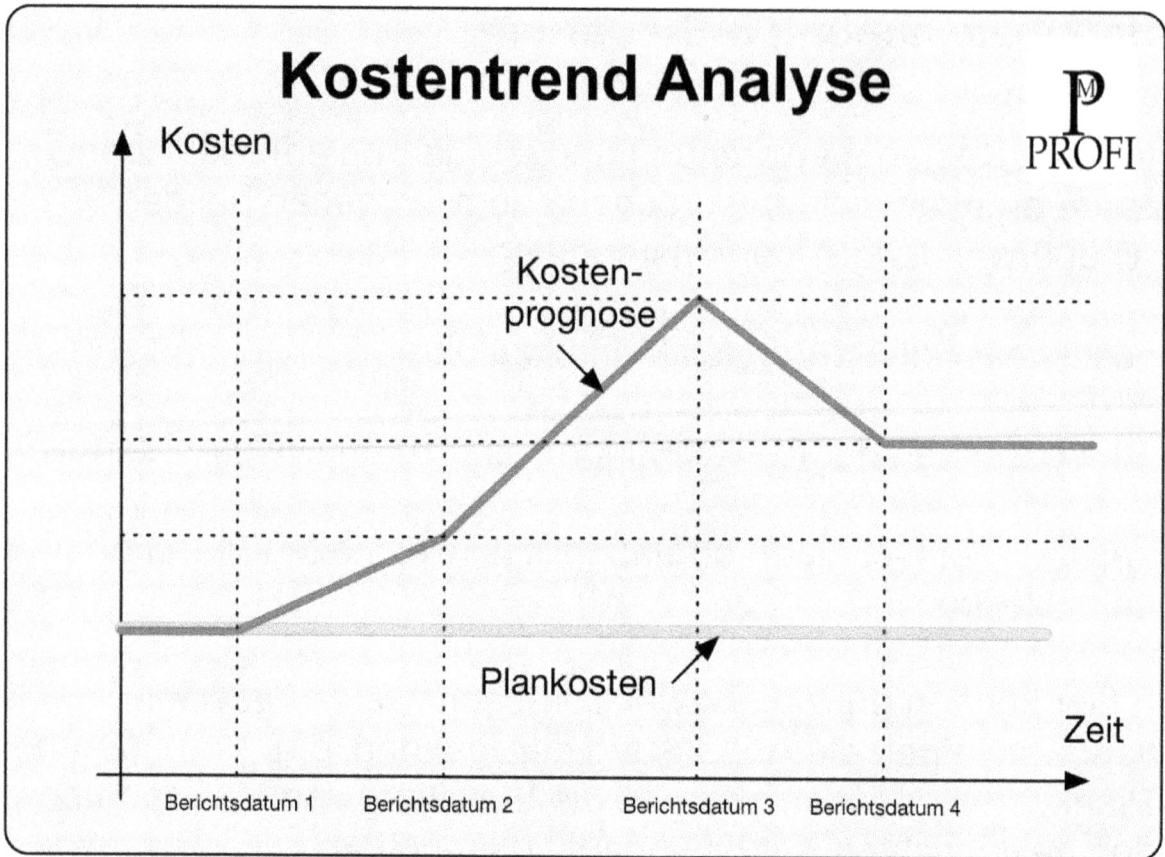

In der grafischen Darstellung erscheinen die Plankosten als
waagerechte Linie.

Aus dem Verlauf der Ist-Kosten Prognose lässt sich nun in
obenstehendem Beispiel folgendes ableiten:

Bis zum ersten Bericht laufen die Kosten wie geplant. Beim
zweiten Berichtsdatum treten erste Kostenüberschreitungen auf,
die beim dritten Bericht noch höher werden. Beim vierten Bericht
wird eine Wende sichtbar (evtl. werden nun eingeleitete
Maßnahmen wirksam), eine erste Reduzierung der noch immer
vorhandenen Kostenüberschreitung ist eingetreten, etc.

Um aus der Kostentrendanalyse geeignete Steuerungs-maßnahmen ableiten zu können, ist es zunächst notwendig zu wissen, wo und wodurch die Kostenüberschreitungen verursacht werden.

In der Regel werden einzelne Pakete Überschreitungen und andere Unterschreitungen verursachen. Auch hier gilt es die Pakete einzeln zu untersuchen und für alle zu ermitteln, wodurch die Abweichungen verursacht wurden.

Selbst wenn in der Summe alles in der Nähe der Plankosten bleibt, können erhebliche Abweichungen in den einzelnen Arbeitspaketen vorhanden sein.

Es genügt nicht die Gesamtkosten zu überwachen, da hierdurch das Risiko besteht, dass sich bereits abzeichnende Kostenexplosionen in einzelnen Arbeitspaketen zunächst unentdeckt bleiben und erst dann auffallen, wenn es vielleicht zu spät ist, um korrigierend eingreifen zu können.

Deshalb gilt es immer, diese Betrachtungen und Analysen auf Arbeitspaket-Niveau durchzuführen.

Hier einige Beispiele dafür, wodurch Kostenabweichungen i.d.R. verursacht werden:

Kostensteigerungen: diese Abweichungen treten auf, falls z.B. in der Auftragskalkulation keine Indexierung eingerechnet ist. Preiserhöhungen lassen sich anhand der öffentlich bekannten statistischen Erfahrungswerte vorab in die Kalkulation einbeziehen.

Zu optimistische Planung: um zu vermeiden, dass der Projektleiter von diesem Effekt überrascht wird, ist es zu empfehlen, immer eine Auftragseingangskalkulation durchzuführen.

Hierbei kann die in der Verkaufsphase benutzte Kalkulation, entsprechend den zum Auftragszeitpunkt vorhandenen Erkenntnissen, angepasst und dann als Grundlage für die Projektausführung verwendet werden. Hierbei gilt es immer zu beachten, dass in der Verkaufsphase häufig "politische Kalkulationen" erstellt werden, um das Projekt überhaupt erst möglich zu machen.

Da der Projektleiter letztendlich für die später erreichten Projektresultate verantwortlich gemacht wird, sollte er sich sehr gut überlegen, auf welcher Kalkulationsbasis er seine Leistungen beurteilen lassen will.

Der Projektfortschritt läuft schneller als geplant: wenn mehr Geld ausgegeben wird, weil die beabsichtigten Resultate früher als geplant erreicht werden, besteht zunächst kein Grund zum eingreifen.

Wenn auch die Prognose für die Gesamtkosten zum Projektende keine Überschreitung aufweisen, ist auf Basis der Kostentrendanalyse keine Korrekturmaßnahme nötig.

Abwicklungsineffizienz: Die Ursachen hierfür können vielschichtig sein und müssen auf jeden Fall tiefer analysiert werden.

Evtl. werden Lieferungen und Leistungen zu teuer eingekauft, evtl. ist die Produktivität der Mitarbeiter zu niedrig (Qualifikation, Arbeitsbelastung,...), evtl. ist die Stimmung im Team schlecht und es mangelt an Motivation.

Weitere Ursachen sind fehlende bzw. ungeeignete Ressourcen & unzureichende Ressourcenverfügbarkeit (Krankheit, Kündigung, etc.), fehlende oder unzureichende Tools, mangelhafte Kommunikation & Information, etc.

Qualitätsmängel: es entstehen zusätzliche Kosten, da oft nachgebessert werden muss bzw. Leistungen mehrfach erbracht werden müssen.

Häufige Ursachen von Fehlleistungen:
unklare Vorgaben durch den Projektleiter bzw. die Teilprojektleiter und/oder unklare fehlende Funktionsbeschreibungen, Rollen-definitionen, fehlendes Commitment der Beteiligten, falsche bzw. fehlende Prioritäten, Probleme in der Zusammenarbeit der Beteiligten etc.

Hier ist auch das Qualitätsmanagement zu überarbeiten, sodass gewährleistet wird, dass Abweichungen in der Qualität frühzeitig erkannt werden und damit eine effektive Schadensbegrenzung vorhanden ist.

Nachträgliche Anforderungen: dies sind zusätzliche Anforderungen vom Kunden bzw. internen Auftraggeber, die nicht durch den ursprünglich vereinbarten Projektauftrag abgedeckt sind.

Der Projektleiter hat die Konsequenzen sichtbar zu machen und die zusätzlichen Kosten- und Terminveränderungen in Abstimmung mit dem Kunden bzw. Lenkungsausschuss in die Planung zu übernehmen.

Das Claim Management muss hier auch aktiv werden, um die Zusatzkosten als Zusatzauftrag zu erhalten.

Eventuelle Konsequenzen für die Funktionalität einzelner Projektelemente bzw. für die Gesamtfunktionalität, sind ebenfalls zu dokumentieren und mit den Stakeholdern abzustimmen (freigeben zu lassen).

Will man nun sowohl den Soll-Ist Kostenverlauf als auch den Soll-Ist Terminverlauf graphisch darstellen, dann sind zunächst ausgewählten Meilensteinen die Soll-Kosten und Soll-Termine zuzuordnen.

Diese können in die zuvor dargestellte Grafik (X-Achse = Zeit, Y-Achse = Kosten) eingetragen werden.

Jedes Mal, wenn ein Meilenstein erreicht wird, werden die dazugehörigen Gesamtkosten (nicht nur die bereits aufgelaufenen Kosten, sondern auch Lieferungen und Leistungen, die bereits erbracht aber noch nicht abgerechnet wurden) ermittelt und zum entsprechenden Zeitpunkt im Diagramm eingetragen.

Damit ist für jeden Datenpunkt sowohl eine eventuell vorhandene zeitliche als auch eine finanzielle Abweichung erkennbar.

Hierzu ist anzumerken, dass diese integrierte grafische Darstellung schwerer lesbar ist, wohingegen eine separate Kosten-Trend- und Meilenstein-Trend-Analyse auf einen Blick lesbar und interpretierbar ist und deshalb auch für Präsentationzwecke Vorteile bietet.

Terminüberwachung & Steuerung

Was für die Kosten & Leistungen gilt bzw. an Analyse-
möglichkeiten hierfür beschrieben wurde, ist analog auch für die
rein zeitliche Fertigstellung einzelner Arbeitspakete und des
Gesamtprojektes anwendbar.

Es geht dabei um die folgenden beiden Fragen:
Wie viel Zeit ist seit Start des Arbeitspaketes bereits verstrichen
und wie viel Zeit wird bis zum Abschluss des Arbeitspaketes noch
benötigt?
Aus der Summenbetrachtung entsteht, unter Berücksichtigung der
gegenseitigen Abhängigkeiten einzelner Arbeitspakete, eine
entsprechende Aussage für das Gesamtprojekt.

Und auch aus der Analyse dieser Betrachtungen lässt sich
entscheiden, wann und wo die Projektsteuerung welche
Korrekturmaßnahmen einleiten sollte.

Auch hier ist die Schätzung der noch benötigten Zeit der
entscheidende Knackpunkt für die nachfolgende Analyse &
Bewertung.

Durch die regelmäßige Abfrage werden die Prognosen stets
zuverlässiger und die nachfolgenden Abfragen stellen quasi eine
Überprüfung der vorausgegangenen Abfragen dar.

Dies führt i.d.R. zu einem disziplinierten Umgang der einzelnen
Verantwortlichen mit diesem Berichtselement.

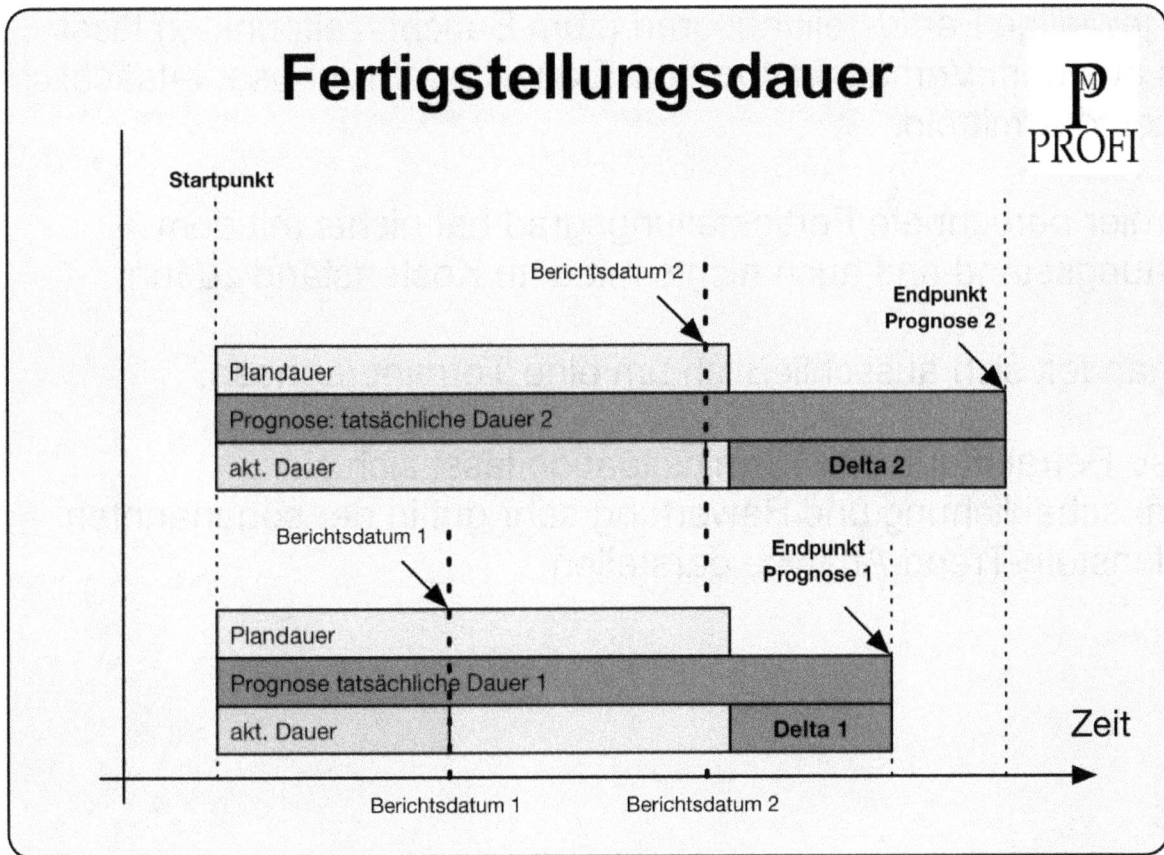

Fertigstellungsdauer

Wie oben dargestellt, ist die "aktuelle Dauer" die seit dem Start des Arbeitspaketes bzw. Projektes bis zum jeweiligen Berichtszeitpunkt verstrichene Zeit.

Die "Plandauer" ist die ursprünglich geplante Ausführungszeit.

Aus der zu den jeweiligen Berichtszeitpunkten stattfindenden Prognose für die noch verbleibende Zeit bis zum Abschluss, ergibt sich dann der jeweils prognostizierte Endpunkt.

Der jeweilige Fertigstellungsgrad (zum Berichtszeitpunkt x) lässt sich aus dem Verhältnis von "akt. Dauer" zu "Prognose: tatsächlich Dauer x" ermitteln.

Der hier berechnete Fertigstellungsgrad hat nichts mit dem Leistungsstand und auch nichts mit dem Kostenstand zu tun.

Es handelt sich ausschließlich um eine Terminprognose.

Diese Betrachtung der Terminsituation lässt sich zur Veranschaulichung und Bewertung sehr gut in der sogenannten Meilenstein-Trend-Analyse darstellen.

Die Meilenstein-Trend-Analyse

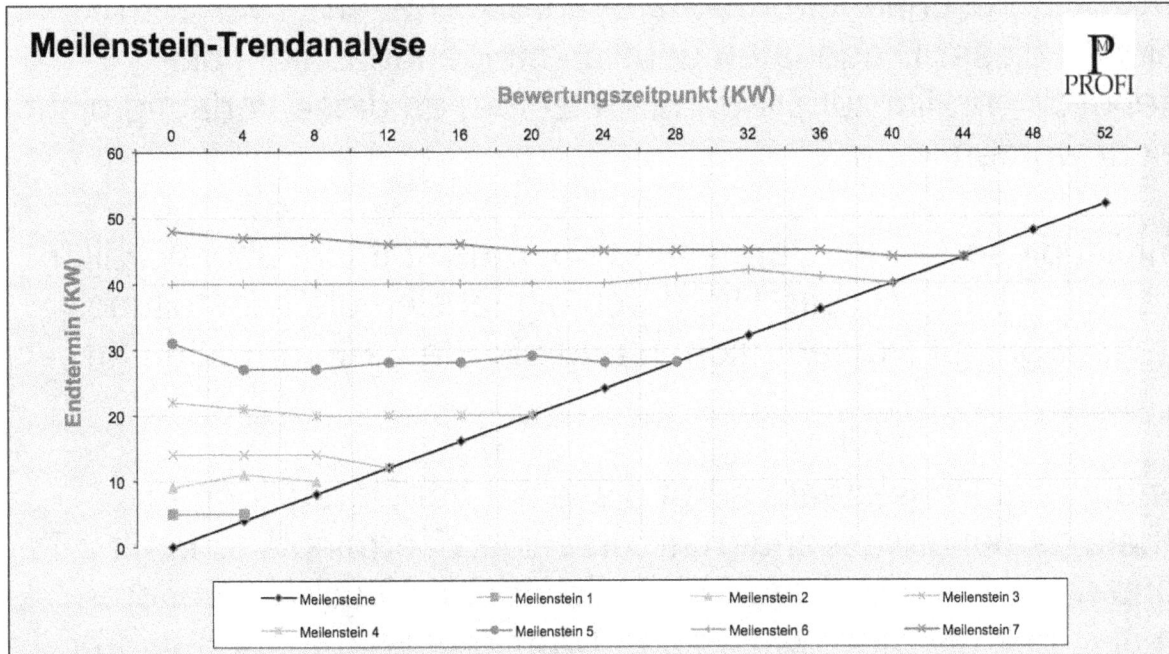

Meilenstein-Trendanalyse

In obenstehender Graphik sind 7 Meilensteine dargestellt. Für den Fall, dass alles planmäßig verläuft, erhalten wir nur horizontale Linien für die Meilensteine.

Zu den jeweiligen Bewertungszeitpunkten geben die Meilensteinverantwortlichen ihre Prognose für den Endtermin der von ihnen verantworteten Meilensteine an. Das Ergebnis wird graphisch als Punkt eingetragen und mit dem letzten Punkt verbunden.

Wird der Meilenstein früher als geplant erreicht, dann entstehen Bewertungspunkte unterhalb der Horizontalen. Analog werden Verzögerungen beim Erreichen einzelner Meilensteine als Abweichung oberhalb der Horizontalen sichtbar.

Der Schnittpunkt der Meilensteinlinien mit der Diagonalen stellt den Fertigstellungstermin des Meilensteines dar.

Beim zuvor beschriebenen 90%-Syndrom entstehen vor dem Erreichen dieser Diagonalen deutlich steigende Linien, die letztendlich parallel zur Diagonalen laufen, da diese vorläufig nicht erreicht werden kann.

Damit ist diese Art der Darstellung überaus einfach, übersichtlich und sofort interpretierbar. Hierdurch eignet sich die Darstellung auch sehr gut für Präsentationen und als Status-Information für das Management.

Aber auch im Projektteam sorgt diese Art der Darstellung für Klarheit, da bei umfassenden mehrseitigen Terminplänen, mit z.T. 50 und mehr Aufgaben pro Seite, die Übersicht schnell verloren geht und sich die Meilensteinverantwortlichen dann nur auf ihren Teil konzentrieren.

Mit der Meilensteintrendanalyse werden jedoch alle Meilenstein-verantwortlichen auf einen Blick erkennen, dass Abweichungen bei Meilensteinen entstehen, von denen ggf. auch ihr eigener Meilenstein abhängig sein könnte.

Hierdurch kann dann eine klärende Diskussion entstehen und über Lösungen und Maßnahmen gemeinsam nachgedacht werden.

Der große Vorteil ist somit, dass diese Darstellung den Blick auf das ganze Projekt erlaubt und sich Diskussionen hierüber nicht so schnell in Einzelheiten verlieren.

Die Anzahl der Meilensteine sollte auch im Hinblick auf die Übersichtlichkeit zwischen 5 und 10 gewählt werden. Falls mehr Meilensteine benötigt werden (langlaufende Projekte) empfiehlt es sich das Projekt in zeitlichen Perioden zu betrachten, die jeweils 5-10 Meilensteine beinhalten.

Meilensteine die z.B. erst im nächsten Jahr begonnen und in zwei Jahren beendet werden, müssen nicht notwendigerweise in der aktuellen Übersicht als separater Meilenstein enthalten sein. Oft genügt hier die Summendarstellung für die nächste und übernächste Periode, um das Gesamtprojekt darzustellen.

Für alle Abweichungen zum horizontalen Verlauf sind natürlich die Ursachen, Konsequenzen, evtl. genommene oder noch zu nehmende Maßnahmen, deren Konsequenzen und der Trend der Abweichung zu kommentieren/dokumentieren.

Die Analyse ist in jedem Einzelfall zu machen und nicht erst, wenn der letzte Meilenstein Abweichungen für den Endtermin signalisiert. Durch frühzeitiges Erkennen und Korrigieren können Dominoeffekte verhindert werden, d.h. das Durchschlagen von Abweichungen eines Meilensteines auf die Nachfolgenden.

Deutliche Abweichungen zu Beginn eines Projekts müssen immer sehr ernst genommen werden und es ist sofort zu klären, ob es sich um schnell lösbare Anfangsschwierigkeiten handelt oder ob sich der Verlauf zu einer Krise entwickeln kann. Auch falls die ersten Meilensteine bereits Abweichungen aufweisen, die nachfolgenden jedoch in der Horizontalen verbleiben, ist Vorsicht geboten.

Falls die Verantwortlichen der nachfolgenden Meilensteine die, von Ihnen objektiv bereits erkennbaren, Abweichungen aus politischen Gründen vorläufig verschweigen, kann die Bombe spätestens nach Abschluss der mit Abweichung behafteten ersten Meilensteine explodieren und im Extremfall zum Projektabbruch führen.

Deshalb lohnt sich die Nachfrage und Plausibilitätsprüfung, um weitere Indizien zur Statusermittlung zu erhalten.

Bei Abweichungen und bei Zweifeln muss die Situation schnellstmöglich geklärt werden.

Wenn die vorliegenden Informationen keine eindeutige Klärung ermöglichen, lässt sich die Situation meist sehr schnell im Gespräch mit den direkt betroffenen Projektmitarbeitern klären.

Auch können Fotos, Videos und eine Vor-Ort-Besichtigung die fehlenden Informationen zur endgültigen Beurteilung der Situation liefern.

Werden schwerwiegende Probleme erkannt, dann sind umgehend die entsprechenden Instanzen (Vorgesetzte, Lenkungsausschuss, Auftraggeber) zu informieren.

Um die notwendigen Korrekturmaßnahmen erfolgreich durchführen zu können, benötigt der Projektleiter das Commitment dieser Instanzen.

Durch ihre Einfachheit, Transparenz und Verbindlichkeit (durch das regelmäßige Abfragen der Prognosen bei den Teilverantwortlichen) ist die Meilensteintrendanalyse ein ausgezeichnetes Tool zur Terminüberwachung für den Projektleiter.

Darüber hinaus sind die Inhalte natürlich austauschbar, d.h. Kosten, Zahlungen, Ressourcen, etc. können mit dieser Methode überwacht werden.

Hierfür muss lediglich die Beschriftung der Y-Achse entsprechend angepasst werden. Die Berichtszeitpunkte können erhalten bleiben, um einen direkten Bezug für die einzelnen Größen zu erreichen.

Im nächsten Abschnitt wird eine weitere weitläufig benutzte Methode zur Projektüberwachung/-steuerung vorgestellt, die mehr Aufwand in der Bearbeitung erfordert.

Sie liefert sehr gute Aussagen zum aktuellen Status der Termine, Kosten und Resultate, nützt bei der Feststellung von Ursachen für Abweichungen und liefert Kosten- und Terminprognosen.

Die Earned-Value-Analyse

Im Deutschen auch als Ertragswert-Analyse bzw. Arbeitswert-Analyse bezeichnet.

Die Methode wurde ursprünglich bei der US Airforce als zusätzliches Kontrollverfahren (unter dem Namen Cosz/Schedule Control Systems Criteria, C/SCSC) zu Beginn in den 60iger Jahren entwickelt und implementiert. Sie ist noch heute gültig für alle öffentlichen Projekte in Amerika.

Auch international wird diese Methode in vielen Ländern, u.a. auch in Deutschland, verwendet.

Diese Methode stellt eine Erweiterung der singulären Termin- und Kostenkontrollsysteme dar, da zum Berichtszeitpunkt die erbrachte Leistung in Geldeinheiten ausgedrückt werden kann.

Zusätzlich bietet die Methode die Möglichkeit Trends darzustellen und somit Aussagen zum weiteren Projektverlauf abzugeben.

Voraussetzung für die Anwendung der Earned-Value-Analyse ist eine integrierte Basisplanung.

Das bedeute, das ein Projektstrukturplan existiert, der alle zur Realisierung der Projektziele notwendigen Arbeitspakete –also den gesamten Arbeitsumfang des Projektes- enthält.
Auf Basis der Arbeitspakete sind dann die benötigten Ressourcen, Kosten und der Aufwand zu planen.

Da die EV-Analyse auch den zeitlichen Verlauf der Projektkosten betrachtet, ist neben dem Projektstrukturplan auch ein vernetzter Projektablaufplan erforderlich.

Um einen guten Einstieg in diese Methode zu erhalten, werden nachstehend zunächst die verwendeten (englischen) Begriffe den in Deutschland gängigen Begriffen zugeordnet:

Der Ist-Fertigstellungswert (auch Ertragswert bzw. erbrachte Leistung genannt):

Earned value (EV), budgeted cost of work performed

Hier sprechen wir über die bisher erbrachte Leistung, d.h. die geplanten Kosten der zum Ist-Zeitpunkt geleisteten Arbeit. Berechnung:

Earned Value= Planbudget x Fertigstellungsgrad.

Der Fertigstellungsgrad (zum Berichtszeitpunkt):

Work Performed (%WP)

Diese Größe wird aus dem Verhältnis von Ist (actual) zum Soll (planned) bestimmt.

Die Betrachtung kann für einzelne Arbeitsschritte, Arbeitspakete oder für das gesamte Projekt gemacht werden.

D.h. es wird dann auf den jeweiligen gesamten Soll-Wert des entsprechenden Schrittes, Paketes bzw. Projektes Bezug genommen.

Falls bereits festgestellt wurde, dass die noch zu erwartenden Restkosten eines Arbeitsschrittes, -paketes oder des gesamten Projektes eine Kostenabweichung von den Planwerten erwarten lässt, dann wird dies bei der Berechnung des Fertigstellungsgrades unter Verwendung der nachstehenden Berechnungsformel bereits berücksichtigt:

Fertigstellungsgrad = Ist-Kosten / (Ist-Kosten + erwartete Rest-Kosten)

Falls aus der Restkostenbewertung keine Abweichung ersichtlich ist, entspricht die Summe von Ist-Kosten und Rest-Kosten den geplanten Soll-Kosten und damit ergibt die Berechnung:

Fertigstellungsgrad = Ist-Kosten / Soll-Kosten

Die IST-Kosten:

Burned Value, Actual Cost Of Work Performed (ACWP)

Das sind die bisher wirklich angefallenen Kosten für Lieferungen und Leistungen sowie der geleistete Arbeitsaufwand.

Die Plankosten:

Planned Value, Performance Measurement Baseline (PMB), Budgeted Cost For Work Scheduled (BCWS)

Dies sind die bis zum Berichtszeitpunkt geplanten Kosten.

Die gesamten Projekt-Plankosten:

Budgeted Cost At Completion

Dies sind die geplanten Gesamtkosten zum Projektende.

Kostenabweichungen:

Cost Variance (CV)

Diese Größe wird als Differenz zwischen dem Fertigstellungswert und den Ist-Kosten berechnet:

$$CV = BCWP - ACWP$$

Ein negativer Wert bedeutet eine Kostenüberschreitung und ein positiver Wert eine Kostenunterschreitung gegenüber dem Plan.

Leistungsabweichung:

Schedule Variance (SV)

Diese Größe wird als Differenz zwischen dem Fertigstellungswert und den Plankosten zum Berichtszeitpunkt berechnet:

SV = BCWP – PMB (BCWS)

Ein negativer Wert bedeutet einen langsameren Fortschritt (Terminüberschreitung) und ein positiver Wert einen schnelleren Fortschritt (Terminunterschreitung) gegenüber dem Plan.

Kostenverhältnis:

Cost Performance Index (CPI)

Diese Größe macht eine Aussage zur Kosteneffizienz und wird aus dem Verhältnis von Fertigstellungswert und Ist-Kosten berechnet.

CPI = (EV/ACWP) * 100 (in Prozent)

D.h. hier wird der Wert der erbrachten Leistung durch die zugehörigen Ist-Kosten geteilt. Ein Wert größer als 100% beschreibt eine Kostenersparnis und eine Wert unter 100% beschreibt eine Kostenüberschreitung gegenüber der Planung.

Terminverhältnis:

Schedule Performance Index (SPI)

Diese Größe misst die Zeiteffizienz des Projektes und wird aus dem Verhältnis der bereits geleisteten Arbeit zur geplanten Arbeit zum Berichtszeitpunkt berechnet:

SPI = (BCWP / BCWS) * 100 (in Prozent)

Ein Wert unter 100% bedeutet, dass das Projekt langsamer als geplant läuft und eine Wert über 100% bedeutet, dass es schneller als geplant läuft.

Voraussichtliche Gesamt-Kosten:

Estimated Cost At Completion (EAC)

Diese Größe berechnet die voraussichtlichen Gesamtkosten zum Ende des Projektes. Die Berechnung erfolgt folgendermaßen:

EAC = BAC/CPI*100 = BAC*ACWP/BCWP

Voraussichtliche Restkosten:

Cost To Completion

Die Größe ergibt sich aus den voraussichtlichen Gesamtkosten abzüglich der Ist-Kosten:

$$CTC = EAC - ACWP$$

Voraussichtliche Restdauer:

Time To Completion

Diese Größe ergibt sich nun als Differenz zwischen der voraussichtlichen Gesamtdauer und der Ist-Dauer zum Berichtszeitpunkt.

Nachdem nun die wichtigsten Größen zur Verwendung der Earned-Value-Analyse beschrieben sind, wird nachstehend noch angegeben, welche Voraussetzungen erfüllt sein sollten, um diese Analyse (d.h. die hierfür erforderlichen Berechnungen) sinnvoll und aussagekräftig durchführen zu können:

- Das budget at completion, d.h. die gesamten vorgesehenen Projektkosten müssen bekannt sein.

- Ebenso die Kosten der einzelnen Aktivitäten und Arbeitspakete. Hierbei ist darauf zu achten, dass die einzelnen Aktivitäten nach Möglichkeit so festgelegt werden, dass ihre Dauer kürzer als die Berichtsperiode ist.

- Die Summe der geplanten Kosten aller Aktivitäten pro Berichtsperiode.

- Die Summe der tatsächlichen Kosten aller Aktivitäten pro abgeschlossener Berichtsperiode.

- Alle Größen sind aktuell zu halten, d.h. die sich aus dem Änderungsmanagement ergebenden Kostenänderungen sollten umgehend in die oben angegebenen Werte eingearbeitet werden.

Liegt der Schwerpunkt auf der Terminkontrolle, wird man vornehmlich den Aufwand der Aktivitäten/Arbeitspakete betrachten. Liegt der Schwerpunkt auf der Budgetüberwachung, dann wird man hauptsächlich -wie oben angegeben- die Kosten der Aktivitäten/Arbeitspakete analysieren.

Die einzelnen Aktivitäten/Arbeitspakete haben einen festgelegten Fertigstellungswert, welcher bei Abschluss in die Berechnung zur Earned-Value-Analyse einfließt.

Dies bedeutet z.B., dass es sich positiv in der Analyse abzeichnet, wenn der tatsächliche Aufwand der Arbeitspakete kleiner als der geplante Aufwand ist, da für das abgeschlossene Arbeitspaket der geplante Aufwand in der Berechnung verwendet wird.

Konsequenter Weise gehen die Arbeitspakete erst dann mit ihren zugeordneten Fertigstellungswert in die Analyse ein, wenn diese auch wirklich fertiggestellt sind.

Als Resultat ergeben sich folgende Aussagen:

- Termine: hierzu vergleicht man den Fertigstellungswert mit den aufgelaufenen Kosten.

- Kosten: hierzu vergleicht man den Fertigstellungswert mit den Plankosten.

- Aus den Daten kann eine Hochrechnung bis zum Projektende erfolgen, um die dann zu erwartenden Abweichungen zu erhalten.

Wie erhält man nun die benötigten Werte ?

- Ist-Kosten: das Project Controlling addiert hier die bereits
  aufgelaufenen Kosten sowie die in der Kostenrechnung noch
  nicht sichtbaren Kosten, wie z.B. die bereits geleisteten -
  jedoch noch nicht eingebuchten- Stunden der
  Projektmitarbeiter.

- Die Plankosten ergeben sich aus der Projektplanung, in
  welcher einem beliebigen Projektzeitpunkt die
  entsprechenden Kosten zugeordnet sind.

- Der Fertigstellungswert ergibt sich aus der Multiplikation des
  jeweiligen Fertigstellungsgrades (in Prozent) mit den
  Plankosten für das gesamte Projekt.

Welche Aussagen liefert die Analyse ?

Termine:
Das Projekt läuft <u>schneller</u> als geplant, falls der Fertigstellungswert größer ist als die zugehörigen Plan-Kosten.

Das Projekt läuft <u>langsamer</u> als geplant, falls der Fertigstellungswert kleiner ist als die zugehörigen Plan-Kosten.

Kosten:
Die geplanten Projektkosten werden <u>unterschritten</u>, falls der Fertigstellungswert größer ist als die Ist-Kosten.

Die geplanten Projektkosten werden <u>überschritten</u>, falls der Fertigstellungswert kleiner ist als die Ist-Kosten.

Für eine gute Gesamtaussage zur Projektsituation sind immer beide Aussagen zu betrachten, da z.B. überhöhte Kosten kein Grund zur Sorge sein müssen, falls auch gleichzeitig die Arbeitspakete entsprechend schneller erledigt werden.

Grundsätzlich positiv ist folgende Kombination:
Der Fertigstellungswert ist größer als die zugehörigen Plan-Kosten und größer als die Ist-Kosten.

D.h. das Projekt läuft schneller und kostengünstiger als geplant.

Grundsätzlich negativ ist folgende Kombination:
Der Fertigstellungswert ist kleiner als die Plan-Kosten und kleiner als die Ist-Kosten.

D.h. das Projekt läuft langsamer und mit höheren Kosten als geplant.

Bei anderen Kombinationen ist für eine gute Gesamtaussage und das Ergreifen von geeigneten Maßnahmen noch zu überprüfen, welche Bedeutung die einzelnen Effekte aus der Kosten- und Terminbetrachtung haben und ob diese akzeptiert werden können oder nicht.

Die EVA-Methode sorgt für Übersicht und bewertet bei korrekter Anwendung, dass nur wirkliche geschaffene Werte, d.h. Arbeitspakete die zu 100% abgeschlossen sind, auch als "Value" in die Berechnung einfließen.

Hierdurch kann gerade in der Anfangsphase von Projekten Verzögerungen, welche durch die Mentalität des "es ist ja noch genug Zeit" entstehen, entgegengewirkt werden.

Die Präsentation der Resultate der EVA an das Projektteam verdeutlicht den Verantwortlichen sehr gut den negativen Effekt der nicht abgeschlossenen Aktivitäten.

Um einen engen Bezug zum aktuellen Fortschritt zu gewährleisten, sollten die Arbeitspakete so klein wie möglich gewählt werden.

Falls möglich, sollten diese innerhalb der Berichtsperiode abzuschließen sein.

Dies bedeutet, dass die Arbeitspakete in der Regel ca. 1 Monat und bis zu 5% des gesamten Volumens umfassen.

Um aussagekräftige Bewertungen zu erhalten, sollten für den ersten Bericht möglichst viele Daten vorliegen.

Nach dem Ablauf des Plantermines der ersten ca. 10 Arbeitspakete, besteht i.d.R. bereits eine gute Grundlage für die EVA-Analyse.

Meist wir dann eine monatliche Analyse durchgeführt sowie zum Meilensteinende und zum Abschluss einzelner Projektphasen.

Entstehen Abweichungen, hat die Projektleitung zu entscheiden, ob und welche Maßnahmen notwendig sind, um gegenzusteuern.

Gängige Maßnahmen bei Terminabweichungen

Projektlaufzeit verlängern:
Abhängig von den Ursachen der Terminabweichungen, z.B. wegen Änderungs-/Ergänzungswünschen des Auftraggebers, kann mit den Stakeholdern übereingekommen werden, dass der Projektendtermin entsprechend nach hinten geschoben wird.

Anzahl der parallel laufenden Aktivitäten erhöhen:
Abhängig von den zur Verfügung stehenden Ressourcen, können Aktivitäten, die bisher seriell eingeplant waren und die nicht zwingend nacheinander ausgeführt werden müssen, parallel ausgeführt werden.

Dauer einzelner Aktivitäten verkürzen:
Z.B. können einzelne Aktivitäten fremdvergeben werden, es kann die Kapazität der Ressourcen erhöht werden bzw. die Verfügbarkeit durch Maßnahmen wie Überstunden erhöht werden. Darüber hinaus können die Prozesse dahingehend verbessert werden, dass sich die Arbeitsabläufe effizienter gestalten lassen.

Veränderung des Leistungsumfanges:
Auch besteht die Möglichkeit mit den Stakeholdern zu vereinbaren, dass zugunsten des Projektendtermines vorläufig oder ganz auf die Ausführung einzelner Arbeitspakete verzichtet wird.

Gängige Maßnahmen bei Kostenabweichungen

Effizienz der Abläufe:
Einsatz der Ressourcen und Prozessablauf verbessern.

Leistungsumfang einschränken:
Prüfen welche Aktivitäten ggf. ganz oder teilweise entfallen können.

Einkaufsmanagement:
Prüfen ob und welche Lieferungen und Leistungen ggf. günstiger durch Fremdvergabe erbracht werden können, bzw. ob z.B. günstigere Alternativprodukte eingesetzt werden können.

Claim Management:
Prüfen ob allen Kundenwünschen und Änderungen auch ein entsprechender Kundenauftrag gegenübersteht bzw. ob die Kostensteigerungen durch Dritte verursacht wird und dementsprechend Kosten ganz oder teilweise auf diese umgelegt werden können.

Bei der Entscheidung über die zu nehmenden Maßnahmen ist zu beachten, dass i.d.R. eine Wechselwirkung zwischen Termin/Kosten/Qualität besteht.

So bedeutet z.B. eine Verlängerung des Endtermines, dass die Projektorganisation länger als geplant besteht und damit auch über einen längeren Zeitraum hierfür Kosten zu berücksichtigen sind.

Einschränkungen im Leistungsumfang können z.B. auch zu geringerer Qualität einzelner Teile bzw. des ganzen Projektergebnisses führen.

Auch ist es sinnvoll und zielführend bei den regelmäßigen Statusberichten und Statusbesprechungen den Fokus auf Abweichungen zu richten.

D.h. immer Plan und Ist miteinander zu vergleichen, Ursachen und Bedeutung der Abweichungen zu ermitteln, den Trend der Abweichungen zu bewerten und ggf. notwendige Maßnahmen zu treffen bzw. eine Entscheidung über einzelne Maßnahmen von den hierzu befugten Personen/Gremien einzuleiten.

Als Beilage zu den einzelnen Statusberichten empfiehlt es sich - zur Veranschaulichung- graphische Darstellungen zu verwenden. Diese sind so zu gestalten, dass sie auf einen Blick die Abweichungen und deren Trend deutlich machen.

Will man eine Entscheidung für eine bestimmte Maßnahme, dann ist natürlich auch eine Aussage darüber zu treffen, welcher positive Effekt durch die Maßnahme entsteht und welche Kosten durch die Maßnahme an sich verursacht werden. D.h. die Frage "Was bleibt nach der Maßnahme unterm Strich", ist hier zu beantworten.

Da es in beinahe allen Projekten zu Änderungen kommt, die i.d.R. Einfluss auf Termine/Kosten/Qualität haben, ist es notwendig, dass alle Projektmitarbeiter hierauf achten und wissen, wie damit umzugehen ist.

Project Controlling Bericht

Der Projekt Controlling Bericht enthält minimal die folgenden Elemente:

- Plan-Kosten bis zum aktuellen Berichtszeitpunkt

- Ist-Kosten bis zum Berichtszeitpunkt

- Zu erwartende Rest-Kosten bis zum Projektende

- Plan-, Ist- und revidierte Plantermine

- Abweichungen und Trends (möglichst graphisch darstellen) für Termine und Kosten (Aufwand)

Auch für den Projekt Controlling Bericht ist der Fertigstellungsgrad von entscheidender Bedeutung. Liegen hier keine realistischen Werte (Einschätzungen) vor, dann werden auch die Termin- und Kostenprognosen zu nicht realistischen Ergebnissen kommen.

Anders sieht es für bereits abgeschlossene Phasen, Meilensteine und Arbeitspakete aus, da hierzu Fakten vorliegen.

Mit zunehmender Projektlaufzeit werden die Trends bzgl. Terminen und Kosten, die sich aus zu 100% abgeschlossenen Aufgaben ergeben, in ihrer Aussagekraft stärker und können damit einen Beitrag zu realistischeren Einschätzungen, der noch laufenden Aktivitäten, leisten.

Änderungen im Projekt managen

Viele werden schon einmal den Projektmanager-Spruch "Je detaillierter unsere Planung ist, desto härter trifft uns die Realität" gehört haben.

Hier steckt auf den ersten Blick natürlich auch ein Stück Wahrheit und Erfahrung drin.

Auf der anderen Seite erkennt man bei genauerer Betrachtung, dass dies nur dann passiert, wenn z.B.:

- in der ursprünglichen Planung wesentliche Elemente fehlen

- der Aufwand nicht realistisch eingeschätzt wurde

- wesentliche Risiken nicht erkannt oder nicht realistisch bewertet wurden

- ...

Also liegt es nicht am Detailgrad der Planung, sondern eher an der Genauigkeit bzw. Sorgfältigkeit, falls es während der Ausführung zu wesentlichen Abweichungen kommt.

Auch können Änderungen, die grundsätzlich nicht vollständig zu vermeiden bzw. vorab zu berücksichtigen sind, zu erheblichen unerwünschten Abweichungen führen, falls diese nicht gut gemanagt werden.

Aus diesem Grunde soll hier auch noch auf das Änderungsmanagement eingegangen werden.

Letztendlich stellen Änderungen -z.B. neue Kundenwünsche- auch Chancen für zusätzliche Aufträge dar, die es zu realisieren gilt.

Und selbst Änderungen, die z.B. aus neuen gesetzlichen Vorschiften resultieren, können sich zu Chancen entwickeln, falls diese im Rahmen einer sorgfältigen Projektplanung bereits berücksichtigt wurden. Denn dann sind mit dem Auftraggeber auch Vereinbarungen darüber getroffen, wie die evtl. entstehenden Kosten- und Terminabweichungen geregelt werden.

Grundsätzlich sollte allen Teilverantwortlichen im Projekt klar sein, wie das Managen von Änderungen abläuft.

Zunächst ist sicherzustellen, dass alle Änderungen/Änderungs-wünsche erfasst und hinsichtlich Ihrer Auswirkungen auf das Projekt bewertet werden. Um den Überblick zu behalten, ist eine zentrale Erfassung sinnvoll.

Auch ist im Vorfeld festzulegen welche Änderungen von wem zu genehmigen sind.

So können z.B. kleinere Änderungen, die nur innerhalb der Teilprojekte zu unwesentlichen Abweichungen führen, von den Teilprojektleitern freigegeben werden.
Größere Änderungen, die zu wesentlichen Kostensteigerungen und/oder Terminanpassungen führen, werden z.B. vom Projektleiter (nach Beratung und Freigabe durch den Projektlenkungsausschuss) genehmigt.

Zu jeder Änderung ist festzustellen, welche Auswirkungen auf das Projekt zu erwarten sind und wozu (Zielsetzung) die Änderung durchgeführt werden soll.

Auch kann jedem Änderungswunsch eine Kategorisierung und Dringlichkeitseinstufung zugeordnet werden, um Prioritäten und Zuständigkeiten bei der Beurteilung fest zu legen.

Nach der Entscheidung sind die Betroffenen/Beteiligten hierüber zu informieren und ist die getroffene Entscheidung zu dokumentieren.

Um die Kontrolle über das gesamte Projekt zu behalten, muss hierzu ein Commitment innerhalb des Projektteams bestehen. Alle Teammitglieder müssen die Bedeutung der Projekt-Überwachung verstehen und sich dazu verpflichten diese zu unterstützen.

Dazu gehört auch, dass ein allgemeines Verständnis dafür vorhanden ist, dass erhörter Aufwand/Kosten bzw. Terminverlängerungen nur aufgrund von genehmigten Änderungen entstehen dürfen und dass diese separat zu erfassen/überwachen sind.

Es empfiehlt sich deshalb, sowohl den Prozess als auch die dazugehörigen Dokumente vorab im Team abzustimmen und alles zentral zu dokumentieren.

Qualitätsmanagement

Ebenfalls sollte vorab klar definiert werden, was die Qualitätsziele sind und wie der zugehörige Qualitätsmanagementprozess abläuft.

Um sicherzustellen, dass die Qualität auf Kurs ist, sind auch hier regelmäßige Überprüfungen vorzunehmen.

In der Regel wird man sogenannte Reviews abhalten, bei denen die Beteiligten die bisherigen Resultate und Entwicklungen durchlaufen, Abweichungen analysieren und sogenannte Lessons Learned erarbeiten.

Dies dient zum einen dazu, dass sich ungewünschte Ereignisse im laufenden Projekt nicht wiederholen.

Zum anderen werden die Erkenntnisse auch Kollegen, die nicht am Projekt beteiligt sind, zur Verfügung gestellt.

So können diese von den Erfahrungen ihrer Kollegen profitieren und auch in anderen Verantwortungsbereichen/Projekten können hierdurch entsprechende unerwünschte Entwicklungen vorab vermieden werden.

In der Praxis hat es sich bewährt, unerwünschte Abweichungen vom Soll (wo möglich) durch Foto-/Videoaufnahmen zu dokumentieren und hierdurch für eine sehr anschauliche Darstellung/Präsentation zu sorgen.

So können z.B. auch Baustellen-, Montage- und Inbetriebsetzungs-
abläufe verdeutlicht werden, ohne dass sich jeder Interessierte vor
Ort ein Bild verschaffen muss.

Zuvor festgelegte Testabläufe bzw. Vor-Ort-Begehungen sind
weitere Hilfsmittel zur Überwachung und letztendlich Steuerung der
Qualität.

Schlusswort / Zusammenfassung

Die in diesem Band vorgestellten Methoden zur Projektüberwachung und -steuerung können sowohl in kleinen und leicht
überschaubaren, wie auch in großen und komplexen Projekten
angewendet werden.

Die Methoden helfen nicht nur dem Projektleiter dabei, das Große
und Ganze im Auge zu behalten, sondern sie ermöglichen auch
den einzelnen Meilensteinverantwortlichen über ihren Tellerrand
hinauszusehen und so mögliche Probleme/Risiken frühzeitig zu
erkennen.

Die einfache Art der graphischen Darstellung eignet sich sehr gut
zur Präsentation, Information und Kommunikation.
Zur Problemlösung im Projektverlauf können auch die nicht direkt
betroffenen Mitglieder im Projektteam mithilfe dieser Darstellungen
schnell beteiligt werden. Letztendlich ermöglicht dies auch die
Verstärkung des Teamgeistes und damit bessere Teamleistungen.

Der Motivation im Team wird es sicherlich zugutekommen, wenn
der Nutzen und die mit diesen Methoden erzielbaren Resultate im
Vordergrund stehen. Es sollte allen Beteiligten klar sein, dass die
Projektüberwachung nicht die Überwachung zum Ziel hat, sondern
die für eine erfolgreiche Projektsteuerung notwendigen Basisdaten
erfassen und Analysen zur Verfügung stellen muss.

Andreas Ketter, Juni 2015
www.pm-profi.de
Auf meiner Website können Sie kostenlos PM-Vorlagen downloaden und
direkt Kontakt mit mir aufnehmen.